Ardalan Amiri
Hesam Omidi Tabrizi
Hossein Tourang

Simulação do processo de soldadura de juntas de tubos para prever as consequências dos danos

Ardalan Amiri
Hesam Omidi Tabrizi
Hossein Tourang

Simulação do processo de soldadura de juntas de tubos para prever as consequências dos danos

Ilustração do processo de FEA com a apresentação da distribuição térmica, tensões residuais e campos de fluência na ZTA

ScienciaScripts

Cover image: www.ingimage.com

This book is a translation from the original published under ISBN 978-3-659-22929-9.

Publisher:
Sciencia Scripts
is a trademark of
Dodo Books Indian Ocean Ltd. and OmniScriptum S.R.L publishing group

120 High Road, East Finchley, London, N2 9ED, United Kingdom
Str. Armeneasca 28/1, office 1, Chisinau MD-2012, Republic of Moldova, Europe
Printed at: see last page
ISBN: 978-620-8-30199-6

Título:

Ilustração e resultados de uma nova simulação 3D acoplada de um processo comum de soldadura de tubos e dos correspondentes danos por fluência

Autores:

Ardalan Amiri *[a]

Hesam Omidi Tabrizi [b]

Dr. Hossein Tourang [c]

[a] Universidade Politécnica de Milão, Milão, Itália

[b] Instituto de Tecnologia de Karlsruhe, Karlsruhe, Alemanha

[c] ISLAM-SHAHR Azad University, Teerão, Irão Autor correspondente

Para contactar o autor correspondente:

N.o 16 via Mantegazza Milano Lombardia

Número de telefone: +393281617205

Correio eletrónico: ardalan.amiri@mail.polimi.it

Índice

Resumo

O presente documento fornece uma visão bastante profunda da simulação e dos resultados do processo de soldadura topo a topo de tubos de aço Cr5Mo comuns utilizados em centrais eléctricas. A distribuição de calor resultante, as tensões residuais e as consequências mecânicas a longo prazo devidas ao fenómeno foram investigadas, com especial incidência nos danos por fluência após 3 anos do processo de união. Foi desenvolvido um modelo FEA intensivo para simular as interações termoelásticas plásticas acopladas e o comportamento mecânico não linear visco-elástico visco-plástico. O modelo de elementos finitos 3D manifesta um processo de soldadura por arco metálico blindado normal e rotineiro através de dois passes de soldadura diferentes que arrefecem posteriormente. Relativamente ao conceito básico da ciência do processo de soldadura, as interações térmicas, mecânicas e metalúrgicas correspondentes foram explicadas e justificadas. Os possíveis efeitos do fluido no interior do tubo também foram simulados separadamente como segunda fase adicional da análise para investigar o comportamento de relaxamento de tensões em comparação com o modelo sem fluido.

Palavras-chave:

Soldadura de juntas de tubos, tensões residuais, deformação por fluência,; aço Cr5Mo; simulação acoplada, análise FEA não linear

Capítulo 1. A fluência e a sua possibilidade

Ao lidar com qualquer tipo de processo de aquecimento exercido sobre metais e cerâmicas em indústrias como centrais nucleares, centrais eléctricas e quaisquer outras construções maciças, coloca-se o desafio de enfrentar consequências mecânico-metalúrgicas a longo prazo, como a fluência. Com base em definições científicas padrão, quando um material plástico é sujeito a uma carga constante durante um período de tempo relativamente longo, deforma-se continuamente, comportando-se em três fases principais. A deformação inicial é prevista, grosso modo, pelo seu módulo tensão-deformação. O material continuará a deformar-se lentamente com o tempo, indefinidamente ou até que a rutura ou a cedência provoque a falha. A região primária é a fase inicial do carregamento, quando a taxa de deformação diminui rapidamente com o tempo. Depois atinge um estado estacionário, que é designado por fase de fluência secundária, seguido de um aumento rápido (fase terciária) e fratura (figura A). Este fenómeno de deformação sob carga com o tempo é designado por fluência. Naturalmente, esta é uma definição geral idealizada, uma vez que alguns materiais não têm uma fase secundária, enquanto a fluência terciária só ocorre em tensões elevadas e em materiais dúcteis. Todos os plásticos sofrem de fluência até um certo ponto. O grau de fluência depende de vários factores, tais como o tipo de plástico, a magnitude e a direção da carga e o seu comportamento de variação no tempo, a temperatura de trabalho e, claro, o tempo em consideração [1].

Assim, esta situação pode ser bastante problemática e arriscada sempre que as cargas mecânicas e térmicas se concentram num único sujeito durante um longo período de trabalho num sistema, desde que não haja um esforço para estimar e controlar os resultados destas questões de forma prática o suficiente para garantir a segurança.

Capítulo 2. Soldadura topo a topo num tubo e suas consequências

De entre os vários campos de aplicação da monitorização da fluência, discutiremos aqui um caso exemplar de soldadura de tubagens na construção de linhas de algumas centrais eléctricas, que é frequentemente utilizada para fazer uma nova junta na linha de transporte ou para manter uma junta nas linhas da central eléctrica para fluidos quentes [2].

A geometria dos tubos sujeitos ao processo de soldadura e o material de soldadura podem ser encontrados nas figuras 1 e 2. A junta de soldadura de ranhuras é uma forma comum de ligar duas peças de formas cilíndricas, como os tubos, que é também um campo potencial de danos por fluência, como se descreve a seguir.

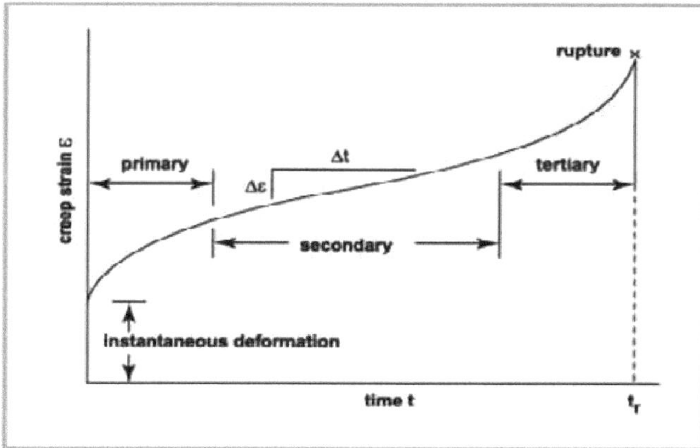

Fig. A. Curva padrão da deformação de fluência vs. tempo.

Os processos TIG (gás inerte de tungsténio) e SMAW (soldadura por arco de metal blindado) incluem um fluxo de calor intenso (enorme energia) para o material do tubo num tempo relativamente curto. Esta enorme energia térmica força as partículas do material a expandirem-se muito rapidamente e a deformarem-se quase aleatoriamente nas regiões da ZTA (Zona Afetada

pelo Calor), o que resulta numa não linearidade de alta ordem nas tensões, deformações e deslocamentos totais, para além de uma distribuição de calor completamente não uniforme [3,4]. Em tais processos, três campos de estudo interagem entre si. Os comportamentos mecânicos, térmicos e metalúrgicos surgem como os principais diretores das consequências; no entanto, pode-se olhar para estes resultados do ponto de vista da fluência e da distorção (figura 3). Numa frase demonstrativa, as propriedades mecânicas da zona de soldadura mudam drasticamente quando a sua temperatura passa de um ponto específico chamado *"temperatura de recozimento"* devido a deformações metalúrgicas.

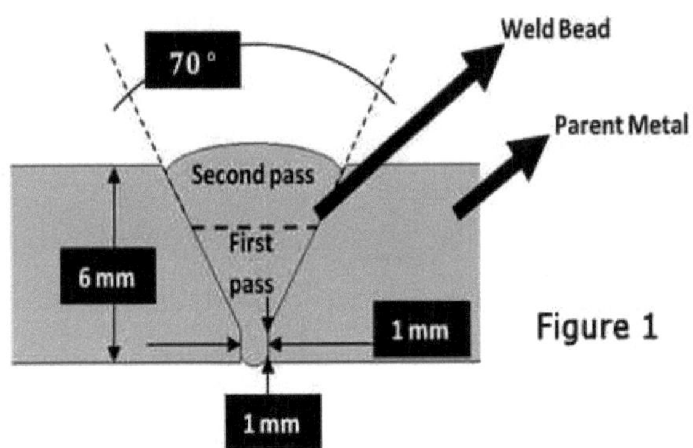

Fig. 1. Geometria e dimensões da secção de soldadura.

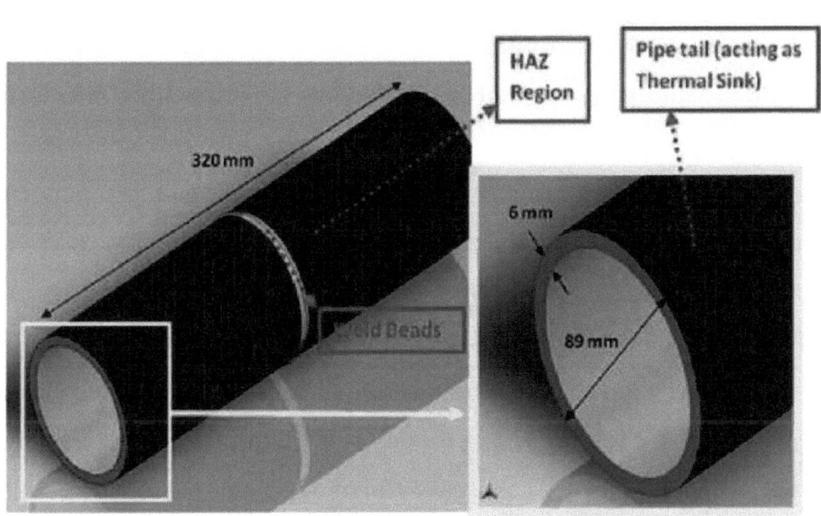

Fig. 2. Ilustração da geometria e das dimensões do tubo soldado.

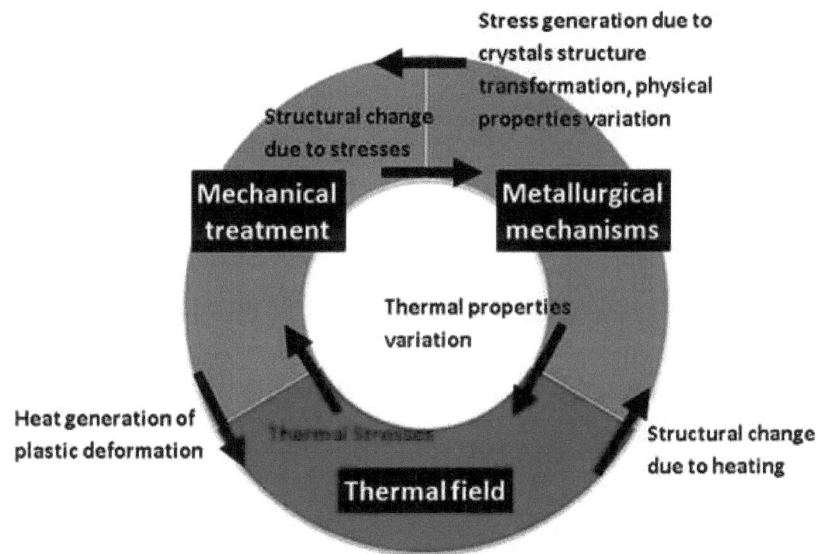

Fig. 3. Gráfico da relação dos campos de estudo na ciência dos processos de soldadura.

Por outro lado, observamos que os cordões de solda e a área soldada

experimentam uma grande diferença de temperatura, não só devido ao fluxo de calor de soldadura, mas também devido aos processos de arrefecimento rápido durante e após a ação de soldadura (ou seja, entre os passes de soldadura e depois de terminar a soldadura), que são impulsionados por elevadas diferenças de temperatura entre a área soldada e a área circundante, incluindo a atmosfera adjacente e a cauda do tubo (figura 2), que desempenham o papel de dissipador térmico para a área soldada. Este último facto traz a questão dos fenómenos de transferência de calor nas três formas famosas de condução (cauda do tubo como dissipador térmico e a sua interação com a ZTA), convecção (fluxo de ar em movimento à volta e dentro do tubo) e radiação [3, 5]. Consequentemente, após algum tempo da ação de soldadura, a região soldada do tubo experimenta forças interiores de deformação, especialmente devido à contração dos cordões de soldadura, como ilustrado na figura 4 (dimensão exagerada). Este processo de aquecimento e arrefecimento cria tensões no interior do tubo, conhecidas como tensões térmicas, que variam rapidamente durante o período de soldadura e estabilizam posteriormente, formando *"tensões residuais"*, com um grande respeito pela temperatura de recozimento do material, na qual o comportamento mecânico do metal muda. Em contraste com a sua contraparte mecânica, a tensão térmica dura muito tempo e afecta gradualmente [6].

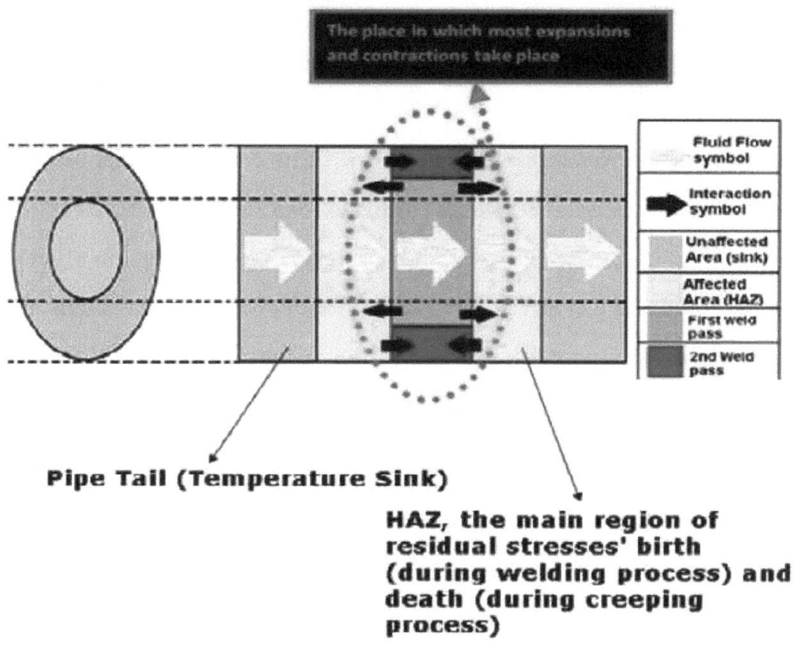

Fig. 4. Esquema do objeto de análise (esta figura não tem valor dimensional).

Por conseguinte, consideramos as tensões térmicas como tensões residuais uma vez terminado o processo de soldadura, devido aos seus efeitos a longo prazo e aos seus efeitos negativos posteriores. No entanto, existem também tensões mecânicas residuais causadas por cargas mecânicas severas constantes em muitos casos, que podem facilmente afetar o desempenho e a vida útil dos sistemas [7]. A estabilização das tensões residuais de soldadura pode também ser uma função das caraterísticas da soldadura, como será discutido mais tarde [8]. As tensões residuais transformam-se em deformações após algum tempo em função das propriedades do material, como o módulo de Young, os factores de endurecimento, o coeficiente de expansão, a capacidade térmica, etc., por um lado, e a temperatura de trabalho, por outro. Estes factores são combinados em alguns coeficientes chamados ***"Números Constantes de Fluência"*** **para diferentes materiais**

empiricamente para se encontrarem em algumas relações matemáticas que permitem prever a magnitude da fluência de uma situação. Esta transformação de tensões residuais em deformações a longo prazo é conhecida como *"Relaxamento de tensões"*, que é bastante não linear na sua natureza e acontece naturalmente (automaticamente e sem necessidade de meios exteriores) em qualquer tipo de material. No entanto, em alguns casos, é desejável induzir e acelerar esse relaxamento por meios artificiais, de modo a evitar danos abruptos desconhecidos e melhorar a fiabilidade das estruturas.

A deformação da área soldada do tubo é principalmente o resultado do relaxamento natural das tensões residuais, ou seja, assim que o processo de soldadura termina, a deformação começa devido ao relaxamento das tensões residuais [2]. No entanto, mesmo após longos períodos de tempo após o processo de soldadura (3 anos = 94608000 segundos), ainda existem algumas tensões residuais conhecidas como *"tensões residuais remanescentes"* que não foram relaxadas ou amortecidas. Estes tipos de tensões residuais remanescentes podem ser isentos das causas de fluência em relação ao tempo de fluência em estudo [2, 5, 3].

Entretanto, as caraterísticas da soldadura afectam os resultados e podem mesmo ser utilizadas para atenuar os danos por fluência, diminuindo a magnitude das tensões residuais. Estas caraterísticas incluem o tempo de soldadura (aqui 7 minutos + 31 minutos para arrefecimento), a velocidade de soldadura, a amplitude do fluxo de calor, o número de passes de soldadura e o intervalo de tempo entre eles, o material do elétrodo de soldadura e assim por diante [8]. Uma das formas mais eficazes e famosas de reduzir as tensões residuais é a utilização de métodos de soldadura com vários passes, que se referem às competências do operador humano e às

capacidades da máquina de soldar [9, 10]. O outro fator de impacto é o processo de arrefecimento após a soldadura, que é realizado artificialmente ou naturalmente. Este arrefecimento pode ser classificado em função do tempo e de vários métodos. Por último, mas não menos importante, tentamos analisar os efeitos da soldadura e verificar a capacidade de controlo dos danos. No final, os efeitos dos fluidos são investigados para verificar se têm impacto nos resultados.

Para alcançar todos os objectivos acima referidos, utilizámos métodos de elementos finitos que simulam o processo de soldadura e o seu arrefecimento como primeira fase de análise, seguidos da simulação do crescimento da fluência após 3 anos da soldadura como segunda fase, para finalmente obtermos os gráficos de deformação-tempo e tensão-tempo a serem explorados pelo processo de tomada de decisões para investigação e utilização industrial.

Capítulo 3. Simulação de elementos finitos e ilustração do seu procedimento

3.1. Esquema de estratégia de simulação

O modelo de elementos finitos no Abaqus 6.12 consiste em duas regiões geométricas principais, cordões de soldadura e metal de base, tal como o modelo real. A simulação foi planeada originalmente pelos autores após 9 meses de investigação de outras simulações relacionadas e estudo de artigos semelhantes na área (especialmente as referências [2], [4], [5] e [3]). Assim, chegámos a uma estratégia óptima, que corrige algumas falhas em simulações anteriores através do planeamento de um novo método, tal como descrito mais adiante, e poupa tempo e energia desnecessários, aplicando os seguintes pressupostos. Mencionamos aqui alguns pressupostos importantes que são aplicados de modo a reduzir as cargas de cálculo sem sacrificar a precisão inaceitável:

1. Apenas uma metade dos metais de base e da junta de soldadura foi modelada e os resultados necessários para a outra metade e para todo o sistema podem ser facilmente inferidos através do conceito de simetria.

2. O material do metal de base é idêntico ao material da vareta de soldadura, uma vez que existem praticamente os mesmos comportamentos físicos a temperaturas relativamente elevadas nos materiais reais de ambos. No entanto, ao distinguir estes dois materiais através de pré-processos de simulação, resulta num tratamento extra não linear do processo de soldadura, com consequências mais reais e, claro, cálculos que consomem muito mais tempo e energia, o que não é necessário neste caso, devido à pequenez das dimensões.

3. A distribuição do fluxo de calor é completamente uniforme e igual na magnitude e no tempo de exercício para cada cordão com base no facto de que um soldador pode soldar o tubo com a precisão total necessária.

4. A simulação do processo de arrefecimento omite o possível efeito de radiação, uma vez que é negligenciável em comparação com as duas outras formas de mecanismos de transferência de calor nos processos de soldadura.

5. A fluência na soldadura é ignorada devido ao tempo muito curto e insignificante do processo de soldadura em comparação com os 3 anos monitorizados do campo de fluência.

Além disso, o esquema da estratégia de simulação pode ser explicado da seguinte forma:

Esta simulação beneficia de duas fases independentes do processo de cálculo, que estão relacionadas entre si. Este tipo de simulações é conhecido como *"análise sequencialmente acoplada"* no Abaqus. Cada fase respeita uma instrução de pré-processamento específica, mas utilizando a mesma geometria e regra de malha. A singularidade da geometria do modelo e da regra de engrenamento ajuda dramaticamente o software a efetuar cálculos sem falta de precisão neste caso e a compreender claramente o modelo, o que não deixa espaço para ambiguidades na operação de cálculo. A Figura 5-a. mostra a abordagem de malha da análise de elementos finitos que é preferida para ambas as fases de análise com base na importância de cada região. Os cordões de soldadura e as regiões da ZTA são prioritários do ponto de vista do valor do resultado, uma vez que têm impacto no desenvolvimento de parâmetros mecânicos e térmicos (como o crescimento de tensões residuais e o desenvolvimento de calor), enquanto a cauda do tubo quase não é motivo de preocupação, uma vez que não há riscos de danos nessa zona.

Etapa 1: Efectua a modelação das cargas térmicas e do arrefecimento durante a soldadura, para além da mudança de fase física do aço, para obter os resultados da tensão. Esta fase, designada por *"simulação do processo de soldadura"*, é considerada como tendo lugar num período exato de 7 minutos, incluindo 180 segundos de atraso entre passes de soldadura e 1800 segundos de arrefecimento. Esta fase foi dividida em dois sub-ramos de análise, a fim de eliminar a existência mecânica e térmica do segundo passe de soldadura durante a formação do primeiro passe de soldadura (tal como no modelo do mundo real).

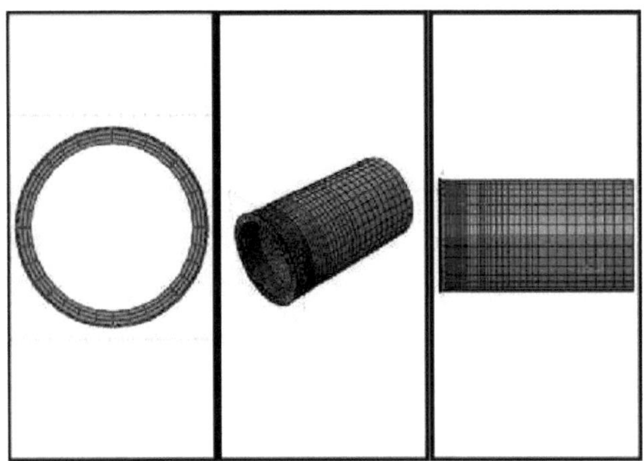

Fig. 5-a. Modelo de malha completa baseado na preocupação de saída.

Esta abordagem interpreta o modelo sem espaço para a fonte de erro de cálculo e omite assim uma grande quantidade de erros de resultados na primeira fase da simulação. Em termos mais práticos, no primeiro sub-ramo de análise da primeira fase de simulação, não se malha o segundo passe de soldadura (figura 5-b) para que o modelo retenha as tensões térmicas do primeiro passe de soldadura e, assim, aceder a resultados precisos e reais das tensões formadas no primeiro passe. Em seguida, definimos outras instruções de análise (segundo sub-ramo) que beneficiam dos resultados térmicos e mecânicos do primeiro sub-ramo como entradas de campo

predefinidas para avaliar a condição mecânica do segundo passe de soldadura e completar a "*simulação do processo de soldadura*" como a primeira fase de toda a simulação.

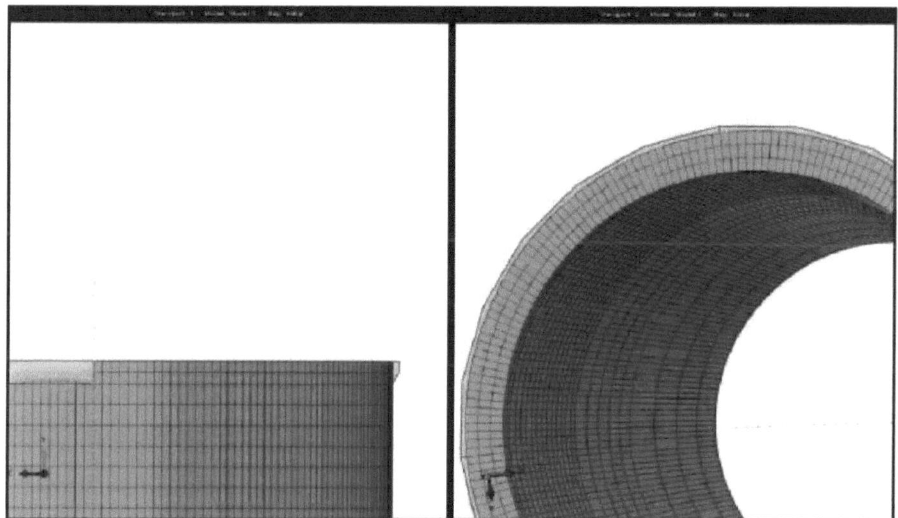

Fig. 5-b. Modelo em malha do primeiro sub-ramo de análise da primeira fase da simulação.

A temperatura ambiente nesta fase da análise é de 25 graus centígrados, que é também a temperatura inicial do tubo e a temperatura limite na extremidade do tubo. A temperatura máxima nesta fase é de cerca de 1500 graus centígrados, causada pelo processo de soldadura à volta do orifício do tubo. Cada elemento do cordão experimenta esta temperatura máxima na sua vida matemática e logo após o nascimento do elemento. Enquanto as outras pérolas estão a sofrer arrefecimento por convecção com um coeficiente de película de 20 W/m^2 .C (um coeficiente médio de convecção livre de gases à volta do tubo [11]) ou estão no estado de morte térmica, uma vez que o fluxo de calor do elétrodo ainda não as tocou. O modelo contém 12 pérolas (8 pérolas na primeira passagem e 4 na segunda) e utiliza o método

de morte/nascimento para cada elemento de pérola para simular o seu advento térmico durante a sua vida através do processo de análise.

Fase 2: Esta fase contém a simulação do relaxamento de tensões e as taxas de fluência por tempo. Esta fase é designada *por "Simulação de fluência"*, realizada pela relação de fluência predefinida do Abaqus, ilustrada na secção 3.2.1. Esta fase foi executada duas vezes, uma com efeitos de fluido e outra sem eles, para ver as variações nos resultados finais de fluência e tensão permanente. Isto ajuda a avaliar a importância do papel do fluido interior em juntas recentemente soldadas e a gama de fluência do orifício do tubo comparativamente com o papel da soldadura única.

O ponto-chave desta estratégia é a correlação de duas fases de análise. A segunda fase utiliza os resultados da primeira como dados de importação de cargas mecânicas predefinidas sob a forma de tensões. Por outras palavras, a primeira fase calcula a magnitude das tensões em qualquer direção desejada, causada pela simulação térmica do processo de soldadura no interior do tubo, e toma-a como um ficheiro de dados de entrada para a fase de análise da fluência, para observar as consequências da fluência nas mesmas direcções.

3.2. Fontes de comportamento do material

3.2.1 Equação constitutiva da fluência e constantes para Cr5Mo

Os modelos padrão de plasticidade (fluência) dependentes da taxa fornecidos no Abaqus/Standard são utilizados para modelar a deformação inelástica de materiais que são sensíveis à taxa. *A "fluência"* a alta temperatura em estruturas é uma classe importante de exemplos da aplicação de um modelo de material deste tipo. Como estes problemas envolvem geralmente quantidades relativamente pequenas de deformação

inelástica (caso contrário, a estrutura não é um projeto adequado), o método de Euler explícito e avançado é frequentemente satisfatório como integrador da regra de escoamento. Este método é apenas condicionalmente estável, mas o limite de estabilidade é geralmente suficientemente grande em comparação com o histórico de tempo de interesse em tais casos que o método explícito é muito económico [12,14].

CORMEAU (1975) desenvolveu fórmulas para o limite de estabilidade para os casos mais comuns de fluência induzida por tensão, e estes resultados são utilizados para monitorizar a estabilidade [12]. Para esta abordagem explícita, a integração é trivial. Combinando a regra do fluxo integrado

$$\Delta\varepsilon^{p} = \Delta t \frac{\partial \quad c}{\partial} |_{t}$$

Com a decomposição da taxa de deformação integrada e a elasticidade, temos

$$\sigma|_{t+\Delta t} = D^{e} : (\varepsilon_{t+\Delta t} - \varepsilon^{p}|_{t} - \Delta t \frac{\partial \quad c}{\partial} |_{t})$$

Todos os termos do lado direito deste conjunto de equações são conhecidos quando a integração constitutiva é efectuada, pelo que estas equações definem $\sigma|_{t+\Delta t}$ explicitamente.

Existem também muitos problemas que envolvem uma resposta plástica dependente da taxa, nos quais os tempos de relaxação caraterísticos do material sob os estados de tensão a que está sujeito são muito curtos em comparação com o período de tempo de interesse na análise, pelo que a estabilidade condicional do operador explícito apenas permitirá

incrementos de tempo muito curtos. Nestes casos, pode ser mais económico utilizar o método de Euler regressivo devido à sua estabilidade incondicional. O Abaqus utiliza sempre o método implícito para aplicações com elevadas taxas de deformação, para evitar que as restrições de incremento de tempo sejam introduzidas por considerações de estabilidade na integração do modelo constitutivo. O Abaqus também utilizará o método implícito em todos os problemas geometricamente não lineares e em problemas para os quais a plasticidade independente da taxa está ativa simultaneamente.

Afinal, na simulação atual, foram utilizados os seguintes dados das referências [13] e [12] para modelar a fluência do aço.

A forma A forma de *"endurecimento por deformação"* da lei de potência é

$$\dot{\bar{\varepsilon}}^{cr} = \left(A\tilde{q}^{n}\left[(m+1)\bar{\varepsilon}^{cr}\right]^{m} \right)^{\frac{1}{m+1}}$$

E a forma de *"endurecimento pelo tempo"* é

$$\dot{\bar{\varepsilon}}^{cr} = A\tilde{q}^{n}t^{m}$$

Onde

$\dot{\bar{\varepsilon}}^{cr}$	**É a taxa de deformação por fluência equivalente no eixo uniforme**
$\tilde{q}$	**É a tensão desviadora equivalente de eixo uniforme**
t	**É o tempo total**
A, n, and m	**São:**

Coefficient	Value
A (power law multiplier)	2.5003E-59
n (equivalent stress order)	6.62
m (time order)	0.0

Tabela 1. Propriedades de fluência da lei de potência para o aço

3.2.1. Cr5Mo Propriedades termo-mecânicas

Para ambas as fases, o material aço de baixa liga CR5MO (norma DIN) é atribuído ao metal de base e às secções de soldadura como um material deformável homogéneo. A fim de simular o comportamento real do material em situações de temperatura altamente flutuante, as propriedades do CR5MO foram extraídas da Referência[2] (figura 6) e aplicadas ao modelo onde, E é o módulo de Young; R_{eLPM} e R_{eLWM} são os limites de elasticidade do metal de base (PM) e do metal de soldadura (WM), respetivamente (no entanto, na simulação, são considerados iguais, uma vez que coincidem em temperaturas elevadas); λ é a condutividade térmica; C é o calor específico; μ é o coeficiente de Poisson; α_l é o coeficiente de expansão e ρ é a densidade. Isso faz com que o simulador seja capaz de usar o valor adequado de cada propriedade termofísica e termomecânica em qualquer temperatura que a simulação trate. Também definimos o comportamento plástico em relação às mudanças de temperatura e especificámos a temperatura de recozimento de 1375 graus centígrados para modelar a mudança de fase física do material, uma vez que têm impacto na credibilidade dos resultados das tensões residuais [12].

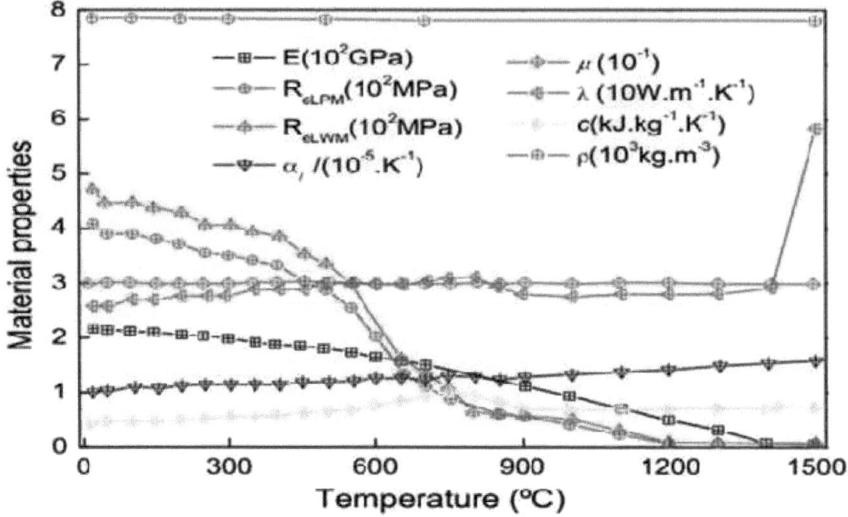

Fig. 6. Propriedades do aço inoxidável Cr5Mo na gama de temperaturas de 0 graus centígrados a 1500 graus centígrados.

Capítulo 4. Resultados e inferências

Utilizando o Abaqus/CAE 6.12 instalado num PC Pentium 4 com 2 GB de RAM e CPU dual core, foram obtidos e registados os seguintes resultados da simulação de elementos finitos de um processo de soldadura de 2280 segundos (incluindo 180 segundos de atraso entre passes e um tempo total de arrefecimento de 1860 segundos) em torno do orifício do tubo e 3 anos de monitorização da fluência.

Baseando as nossas discussões posteriores nestes resultados numéricos, estamos agora a tentar inferir o comportamento e as tendências térmicas e mecânicas do tubo soldado pronto a entrar em serviço.

4.1. Temperatura (em graus centígrados) e tensão (em Pa) resultados

Após os processos de soldadura e arrefecimento, cada cordão sofre tensões térmicas devido ao seu período de flutuação de temperatura extrema. A difusividade térmica do aço inoxidável Cr5Mo é também uma das caraterísticas mais importantes na conformação sob tensão, uma vez que especifica a taxa de distribuição de calor e a capacidade do aço em armazenar energia térmica [11]. Nas duas imagens seguintes é apresentado o orifício do tubo. A primeira mostra o estado térmico nodal do orifício em graus centígrados após a conclusão do primeiro passe de soldadura (após o tempo de atraso) (figura 7) e a outra representa o estado mecânico do tubo antes e depois do processo de arrefecimento (figura 8).

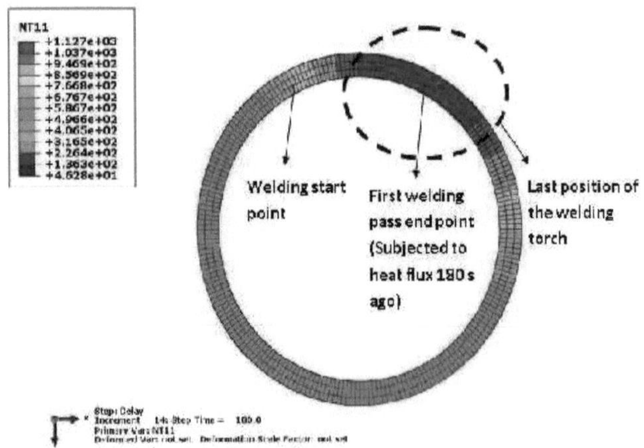

Fig. 7. **Visualização térmica da análise do primeiro sub-ramo da primeira fase da simulação (o segundo passe de soldadura ainda não foi malhado).**

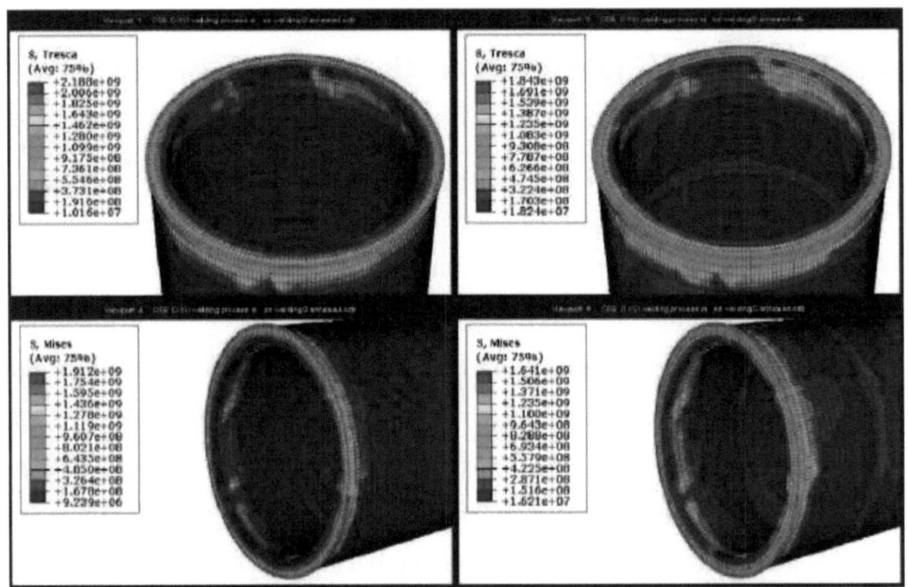

Fig. 8. Visualização da tensão residual antes (esquerda) e depois (direita) do processo de arrefecimento com base nos critérios TREASCA e MISES.

Entre os resultados finais das tensões residuais, mencionamos alguns importantes:

Após cerca de 1800 segundos de arrefecimento, a temperatura da ZTA do tubo diminui para a temperatura de afundamento (25 graus centígrados) e observamos as tensões residuais nas três configurações principais, Axial, Circunferencial (também conhecida como Hoop) e Radial, que são conhecidas como os campos de fluência mais activos.

4.1.1. Tensões residuais axiais

Estas são formadas na direção axial e tendem a fazer variar o comprimento do tubo nessa direção (ao longo do eixo y na figura) (figura 9). A causa das tensões axiais pode ser encontrada nos mecanismos de alongamento, expansão e contração das partículas metálicas na zona soldada, devido às variações térmicas que obrigam a parte adjacente a comprimir ou a esticar (como mostra a figura 4).

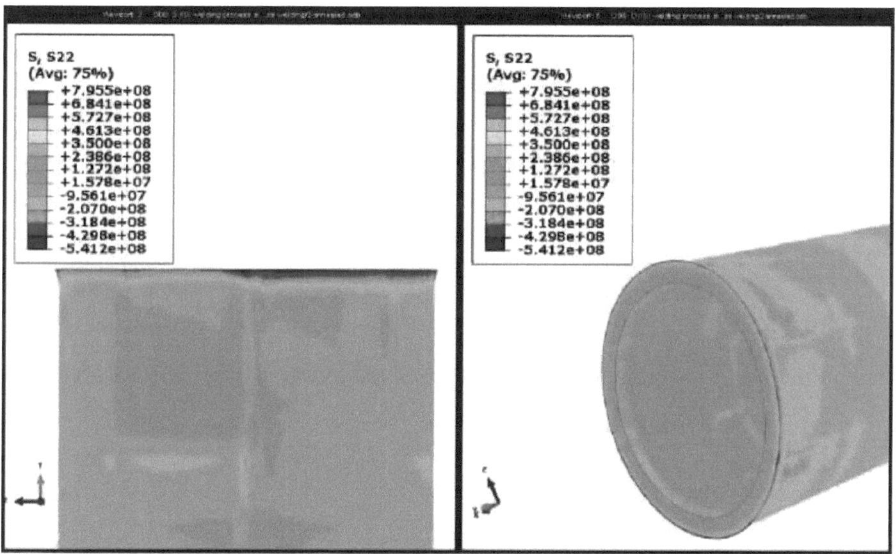

Fig. 9. Tensões residuais da soldadura axial após o processo de arrefecimento. Note-se a direção das tensões nos bordos da soldadura.

4.1.2. Tensões residuais do arco

As tensões em anel têm a mesma origem de atuação que as tensões axiais, mas são diferentes nas suas direcções. As tensões de arco são as que se formam à volta do círculo do orifício do tubo (à volta do eixo y na imagem) (figura 10). Estas tensões têm a tendência de fazer com que o orifício do tubo se distorça em torno de si próprio. As tensões de anel surgem quando uma pérola força as pérolas vizinhas, uma vez que sofre contração e/ou expansão.

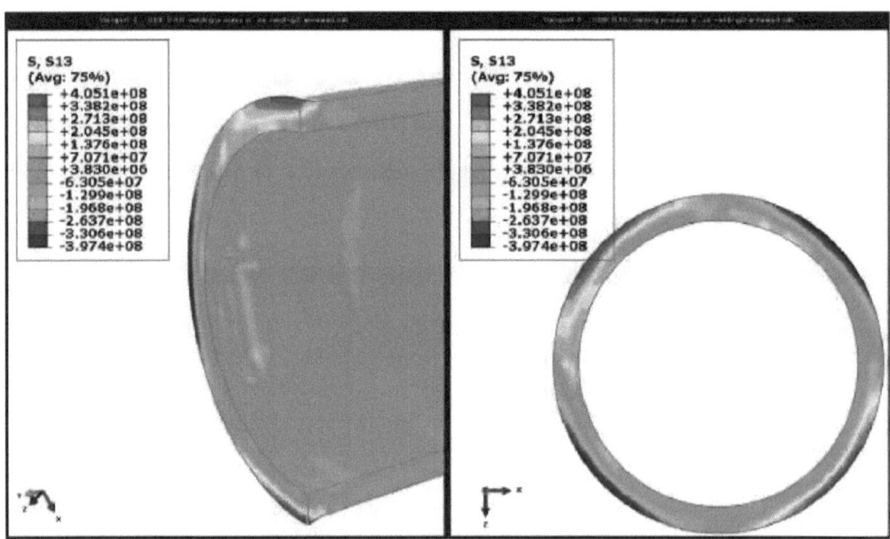

Fig. 10. Tensões residuais da soldadura em anel após o processo de arrefecimento. A imagem do lado direito mostra claramente os efeitos de anel em que o círculo do orifício tende a ser uma elipse.

4.1.3. Tensões residuais radiais

Esta é outra causa da distorção elíptica do orifício do tubo, juntamente com as tensões de aro que transformam a forma circular padrão da secção do tubo em elíptica, como resultado da história térmica de cada cordão e das reacções internas (figura 11). No entanto, em alguns casos, estes tipos de

tensões são bastante úteis na redução de outras configurações de tensões residuais críticas e são sujeitas a forma intencional por ordem dos engenheiros de soldadura para reduzir alguns riscos adicionais de segurança.

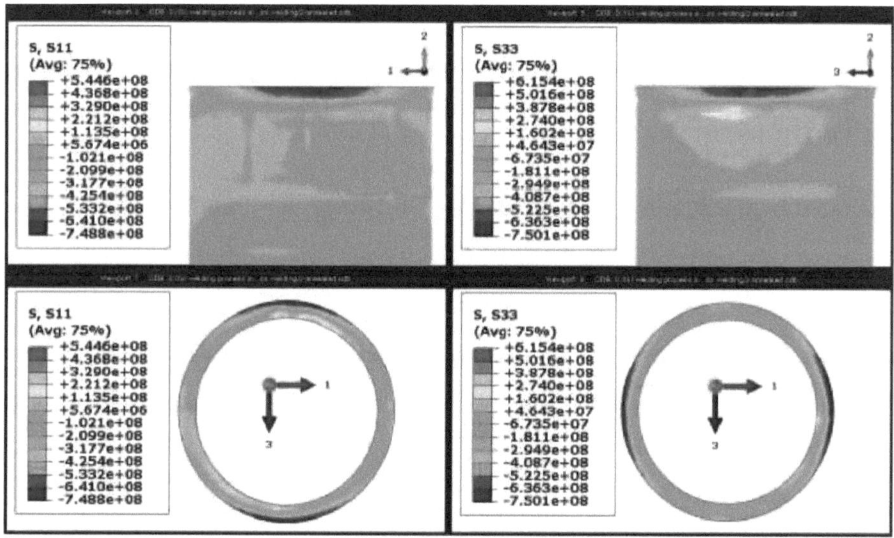

Fig. 11. Tensões residuais de soldadura radial após o processo de arrefecimento. S11 e S33 representam tensões ao longo das direcções x e z, respetivamente, que são muito semelhantes às previstas.

De entre as configurações de tensões residuais mencionadas, as tensões em anel e as tensões radiais podem influenciar-se mutuamente de forma dramática, por outras palavras, a sua mecânica de criação depende intensamente uma da outra. Por conseguinte, uma das melhores formas de controlar as tensões residuais e diminuir as consequências mecânicas, incluindo as deformações, pode ser a manipulação das tensões em anel para influenciar as radiais e/ou vice-versa, através do planeamento dos métodos de soldadura (ou seja, tomada de decisões sobre a temperatura máxima, o tempo e o método de arrefecimento, o número de passes e as suas direcções,

etc.) e, evidentemente, as competências do operador de soldadura [9]. As deformações axiais são totalmente limitadas pela outra metade do tubo e da soldadura após o processo de arrefecimento, no qual as tensões residuais axiais actuam mais rapidamente do que as outras configurações de tensões residuais.

4.2. Resultados da fluência (em m/m) das tensões residuais de soldadura

Antes de prosseguir com a discussão, deve ser mencionado que a apresentação padrão da fluência é adimensional em unidade, uma vez que a fluência é categorizada como deformação de longo prazo, mas pode-se inferir como deslocamento relativo de partículas (aqui em metros) a partir da sua posição inicial dentro do tubo para obter uma melhor compreensão do fenómeno.

Utilizando métodos de cálculo não lineares, foram obtidos os seguintes resultados no caso de fluência.

Em primeiro lugar, vale a pena mencionar que o cálculo da geometria linear resulta numa deformação plástica a curto prazo que não tem valor de engenharia do ponto de vista da fluência. O método linear é frequentemente adequado para consequências mecânicas e térmicas imediatas que são objeto de estudo, independentemente das suas situações a longo prazo. Outra chave importante para compreender melhor a avaliação da fluência, especialmente no presente caso, diz respeito às relaxações de tensão em ambos os casos, com e sem efeitos de fluido na tubagem, uma vez que se acredita que os efeitos de fluido actuam diretamente nos parâmetros de curto prazo e têm impacto no processo de relaxação de tensão. É bastante útil e desejável monitorizar o histórico de relaxamento das tensões residuais

e fazer uma comparação entre o estado inicial quase estável das tensões residuais antes da fluência e as tensões residuais não amortecidas remanescentes após 3 anos de processo de fluência.

O estado geral dos danos por fluência devido ao estado de tensão residual resultante após o processo de arrefecimento, que foi traçado anteriormente no lado direito da figura 8, é agora mostrado na figura 12. As partes coloridas indicam as principais regiões de deformação em 3 anos após o processo de soldadura. Como se mostra, existe a possibilidade de uma fluência de quase 6 mm num tubo de orifício aberto; no entanto, lembre-se de que, neste caso, estamos a lidar com um tubo fechado e limitado.

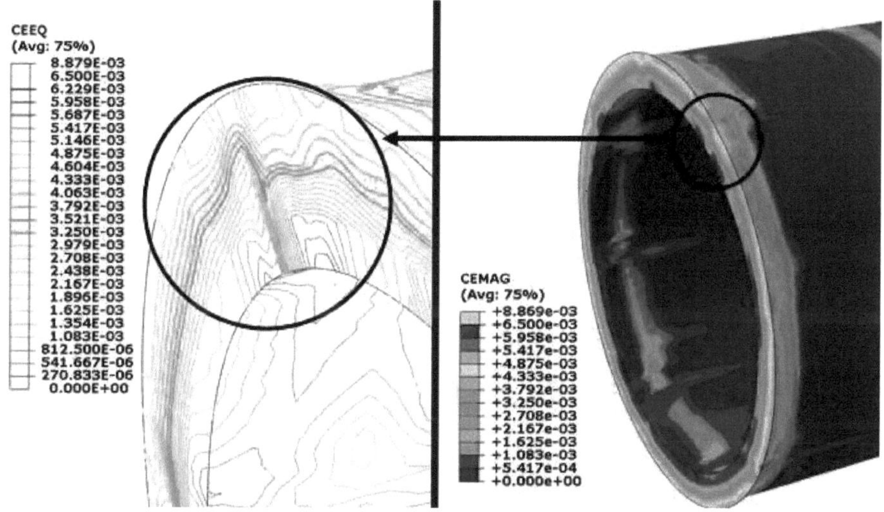

Fig. 12. Equivalente (CEEQ) e magnitude (CEMAG) das deformações de fluência após 3 anos do processo de soldadura (ignorando os efeitos dos fluidos).

Com base nas configurações de tensões residuais, apresentaremos aqui os estados de fluência correspondentes, transformando a energia residual reservada em deformações reais durante um longo período de tempo.

4.2.1. Fluência axial

A deformação axial devido a tensões residuais axiais (figura 9) é representada na figura 13. Nesta direção de fluência, as regiões de cor azul (menos magnitudes de fluência) são motivo de preocupação, uma vez que as outras cores, incluindo as regiões de cor verde, são totalmente limitadas pela outra metade da linha de tubagem na realidade. Por conseguinte, neste caso, a superfície interior do tubo deve ser objeto de maior atenção em termos de segurança. A região azul escura é uma preocupação essencial do projeto, uma vez que pode encolher cerca de 3 mm da sua posição inicial dentro da área de soldadura e causar grandes vazios subsequentes. Estes espaços vazios podem prejudicar a condição metalúrgica da área de soldadura, reduzindo a qualidade da estrutura porosa necessária para o trabalho e aumentando o risco de corrosões e erosões.

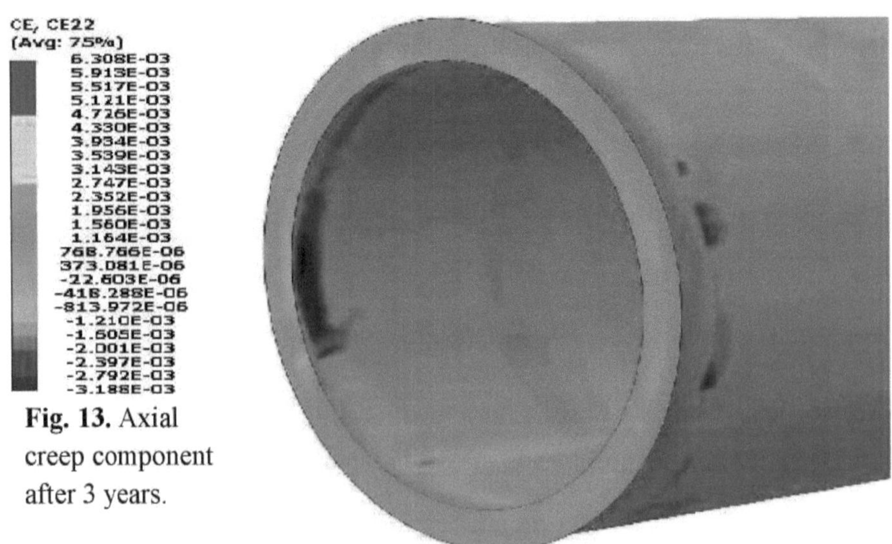

Fig. 13. Axial creep component after 3 years.

4.2.2. Rastejamento do aro

Os resultados da fluência em anel baseados nas tensões em anel (figura 10)

são apresentados na figura 14. Exatamente com base no padrão de tensões residuais (figura 10), este tipo de fluência ocorre principalmente no revestimento exterior da soldadura e desfigura a forma do orifício.

4.2.3. Fluência radial

A fluência radial, que ocorre em resposta a tensões residuais radiais (figura 11), é indicada na figura 15-a. A possibilidade de fluência radial de cerca de 5 mm nas direcções negativa e positiva está representada a azul e laranja, respetivamente. Com base nesta figura ilustrativa, podemos concluir que a possível forma deformada é a indicada na figura 15-b.

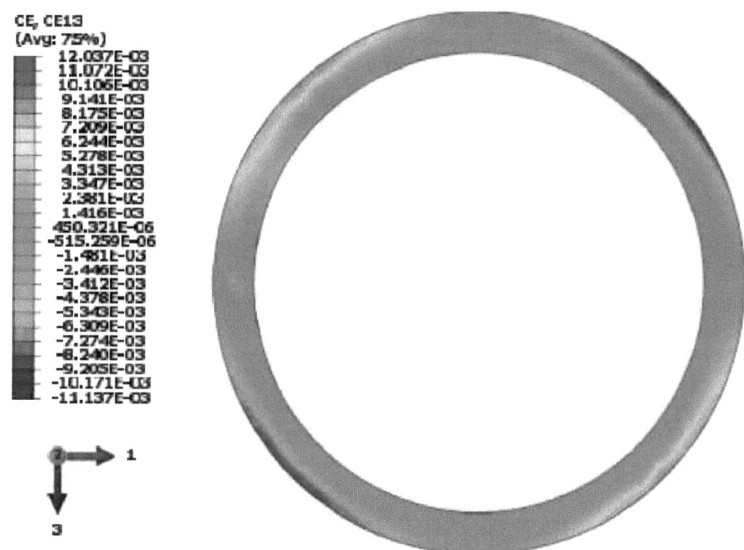

Fig. 14. Componente de fluência do arco após 3 anos.

A área crítica do tubo do ponto de vista dos danos é a área dos últimos cordões de cada passe de soldadura. E não é surpreendente, uma vez que estes cordões (figura 16) sofrem as maiores tensões e compressões estruturais de entre os outros em cada passe de soldadura, porque quando o fluxo de calor de soldadura os atinge, os cordões de penalização ainda estão a expandir-se (o fluxo de calor deixou-os recentemente) e na sua adjacência os primeiros cordões de soldadura estão a contrair-se (arrefecem rapidamente). Também é necessário mencionar que, sem a simulação de mudança de fase (incluindo plasticidade e fusão), as tensões residuais e, portanto, os resultados da fluência tornam-se falsamente maciços (cerca de 600 mm de fluência e 8 GPa de tensão residual) devido aos restos de um único meio elástico submetido à temperatura de fusão [12].

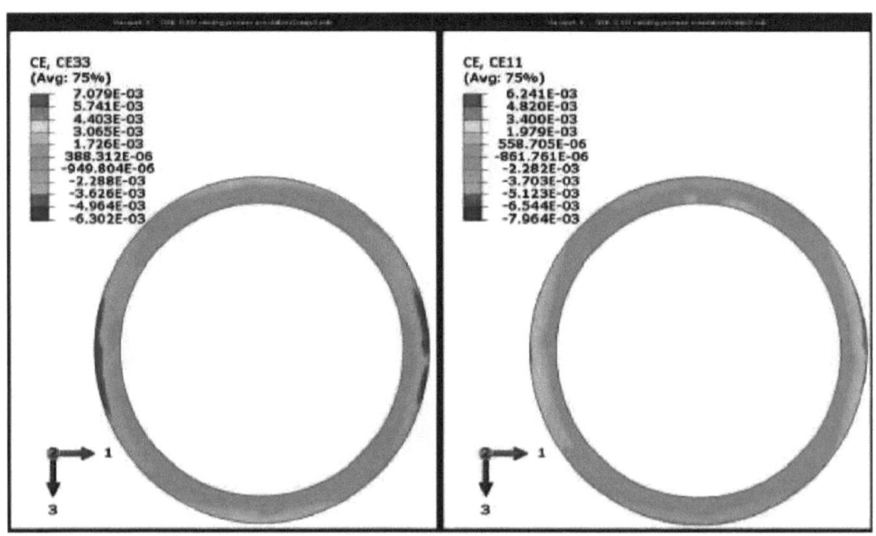

Fig. 15-a. Componente de deformação radial após 3 anos.

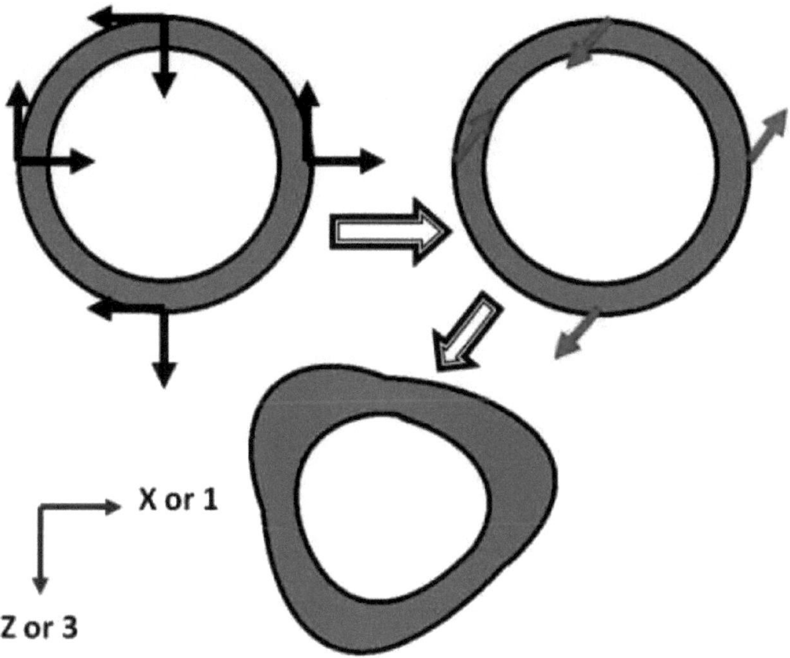

Fig. 15-b. Conclusão da deformação radial. As setas pretas são componentes individuais de deformação radial que actuam na superfície e as vermelhas são direcções resultantes, todas baseadas na figura 15-a.

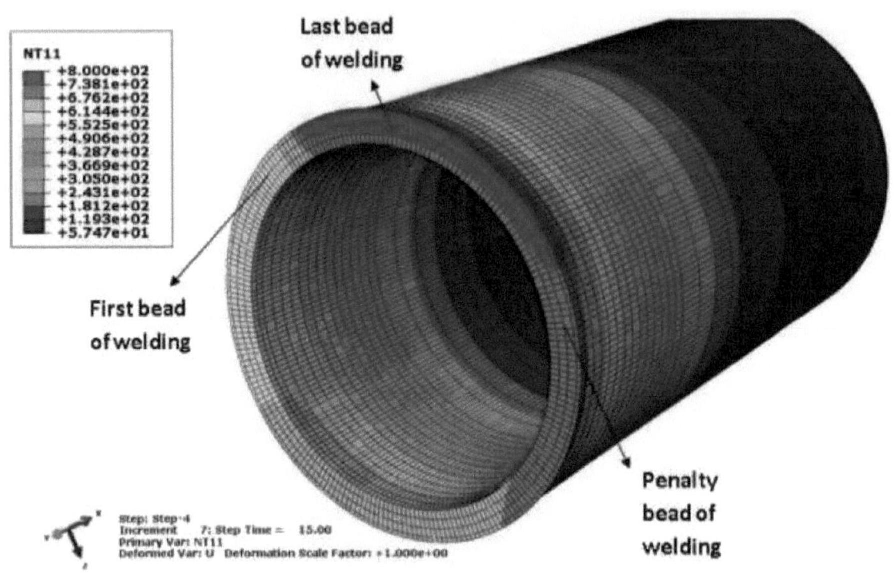

Fig. 16. Segundo passe de soldadura do último cordão de soldadura (um segundo antes do início do processo de arrefecimento).

Outro resultado interessante é apresentado na figura 17, que é uma comparação entre o estado das tensões antes (esquerda) e depois (direita) de 3 anos de fluência. Como se pode ver, as tensões residuais estão a diminuir na sua magnitude e a difundir-se na sua distribuição (relaxamento da concentração de tensões). A redução na magnitude das tensões residuais após o tempo monitorizado é dramática e é uma pista para a correspondente deformação de energia plástica ativa e a sua libertação no tempo mencionado. Antes do início da fluência, o tubo contém pontos de concentração de tensão elevados (repare na área verde larga e densa à volta da soldadura na imagem) que se desfragmentam e relaxam após 3 anos de fluência. Como se pode notar, o relaxamento da tensão é como uma distribuição lenta de um fluido.

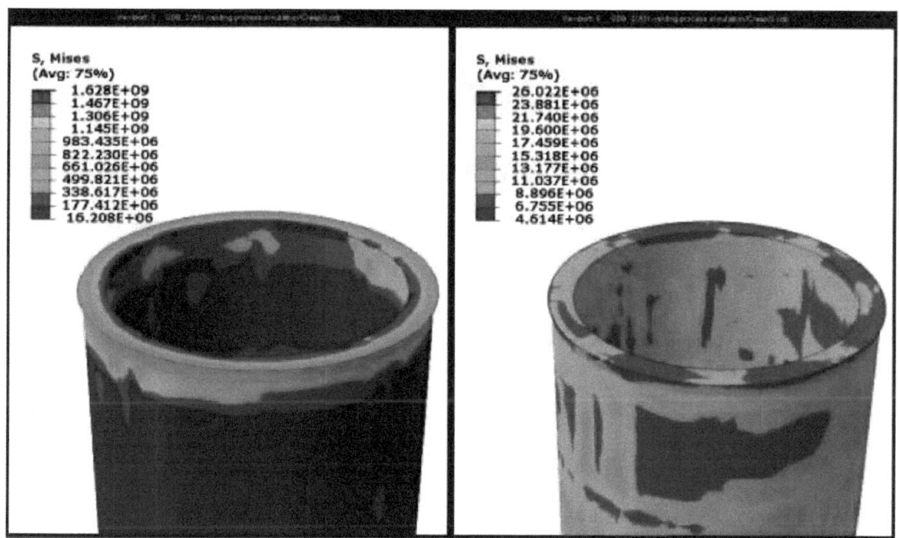

Fig. 17. Relaxamento da tensão residual após 3 anos de fluência. A imagem da esquerda indica a condição de tensão inicial de fluência.

Capítulo 5. Investigação dos efeitos da soldadura associados aos efeitos dos fluidos

No que diz respeito às caraterísticas de temperatura, pressão, velocidade e erosão química do fluido de trabalho na tubagem e à atmosfera do local onde a tubagem está localizada para trabalhar, os comportamentos das tensões residuais podem variar de alguma forma e os critérios de fiabilidade relacionados mudam subsequentemente. Assim, a consideração dos efeitos do fluido é um passo necessário na conceção de tubos e soldaduras. Aqui comparamos o crescimento da tensão de ambos os casos (com e sem efeitos de fluido) após cerca de 11.420 horas e 30 minutos do início do procedimento de relaxamento da tensão (processo de fluência).

A simulação dos efeitos do fluido através da pressão de 0,01 MPa e da temperatura de 400 graus centígrados de uma amostra de água sobreaquecida com um coeficiente de convecção médio de 5000 W/m^2 .graus centígrados (como coeficiente de película comum de líquido forçado [11]) na superfície interna do tubo, dá o seguinte resultado.

Como mostram as figuras 18 (sem fluido) e 19 (com fluido), as taxas de relaxamento de tensões são quase idênticas na forma da curva, mas diferentes em magnitudes. Os efeitos do fluido aumentam definitivamente as tensões residuais não amortecidas em qualquer ponto do tempo. No entanto, tal não se aplica a todo o corpo do tubo, uma vez que o corpo principal do tubo não sofre alterações significativas no campo de tensões. As alterações consideráveis ocorreram no orifício, o que explica que as regiões mais susceptíveis aos efeitos do fluido são os cordões de soldadura e não a ZTA e a cauda do tubo. Além disso, ao efetuar o cálculo uma vez sem o efeito da temperatura do fluido, chegou-se a uma observação importante. A

temperatura do fluido intensifica as tensões residuais da soldadura e torna-as muito mais duradouras, enquanto a pressão do fluido actua de forma oposta. A pressão do fluido integra-se como tensões mecânicas na região da soldadura ajudando a diminuir as tensões residuais de soldadura e difunde muitas concentrações de tensões térmicas, tudo devido às direcções da pressão e à tendência das tensões térmicas para uma reação rápida e intensa às instigações de forças externas. Este último facto é exatamente a razão das elevadas amplitudes iniciais das tensões na figura 19 (em relação às da figura 18), que diminuem a um ritmo tão rápido que, no tempo de 10^7 segundos, se tornam quase idênticas às suas contrapartes sem fluido.

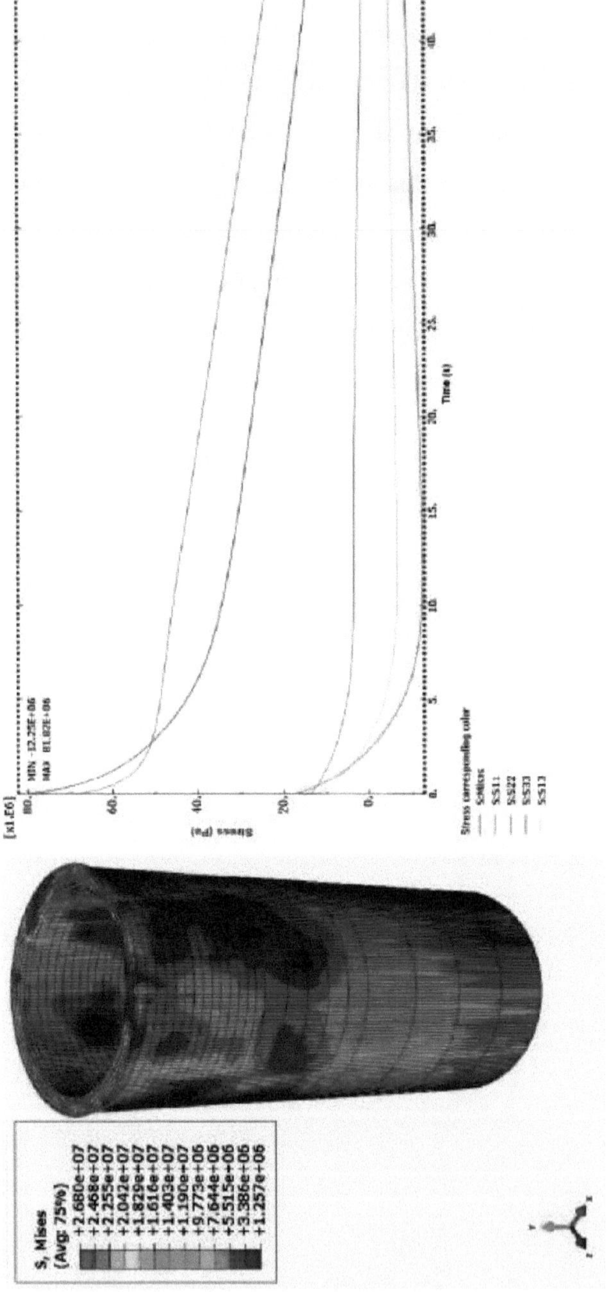

Fig. 18. Situação de relaxamento da tensão residual e sua tendência ao longo do tempo sem efeitos de fluido envolvidos.

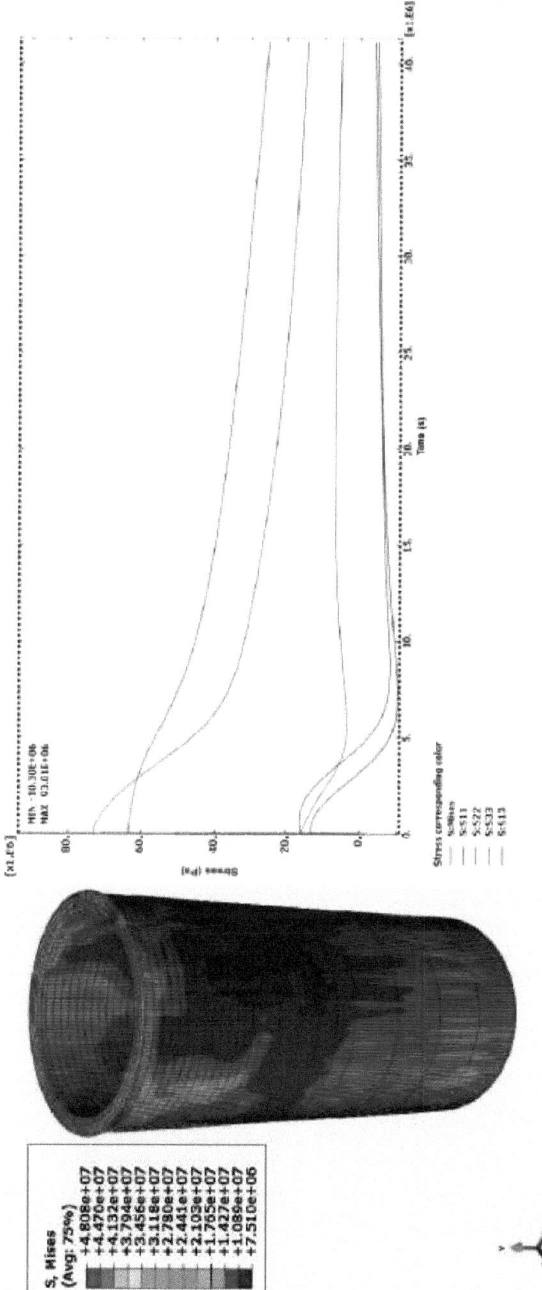

Fig. 19. Relaxamento da tensão residual e sua tendência ao longo do tempo envolvendo efeitos de fluido.

Capítulo 6. Possíveis casos de estudo adicionais

Seguindo as pistas e os indícios deste artigo, é bastante viável realizar um estudo de investigação sobre vários aspectos das normas e aplicações de soldadura. Com o objetivo de elevar a segurança das condutas, reduzir os custos associados ao capital e à manutenção e melhorar o desempenho das linhas de transporte, é possível discutir e investigar a correlação entre o desempenho dos soldadores e as consequências previstas, a fim de extrair um novo conjunto de conselhos, regras e normas de engenharia para uso dos engenheiros de soldadura e dos inspectores de soldadura em todo o mundo.

O principal autor do presente texto, Ardalan Amiri, está atualmente a trabalhar neste tópico e em tópicos relacionados, convidando qualquer profissional a juntar-se a ele e a colaborar com ele neste assunto.

Por favor, não deixem de fazer os vossos comentários profissionais aos autores deste texto e dêem-lhes a conhecer as vossas questões, conselhos e críticas. Os autores esperam que os leitores considerem o texto esclarecedor.

Agradecimentos

Alguns anos antes de terminar este artigo, eu, "A. AMIRI", e o meu colega "H. OMIDI" começámos a aprender FEA vendo os vídeos do YouTube do Sr. K. J. BATHE carregados pela Universidade MIT. Mais tarde, com a grande ajuda, a formação básica e a inspiração do Dr. H. TOURANG, chegámos ao estado atual. Por conseguinte, agradeço a homens como estes dois, que nos proporcionaram oportunidades de aquisição de conhecimentos de forma bastante generosa e expressaram a moralidade científica e a responsabilidade do conhecimento.

Referências

1. J. T. Boyle, J. Spence, 1983, Stress Analysis for Creep. Butterworths the Camelot Press Ltd., Southampton.

2. G. Zhang, Ch. Zhou, Zh. Wang, F. Xue, Y. Zhao, L. Zhang, Y. Liu, 2011, Simulação numérica de danos por fluência para juntas soldadas de aço de baixa liga, considerando a tensão residual como soldadura. Revista Elsevier Nuclear Engineering and Design 242 (2012) 26-33.

3. A. H. Yaghi, D.W.J. Tanner, T.H. Hyde, A.A. Becker, W. Sun, 2011 SIMULIA Customer Conference, Abaqus Thermal Analysis of the Fusion Welding of a P92 Steel Pipe. Divisão de Investigação em Materiais, Mecânica e Estruturas, Faculdade de Engenharia da Universidade de Nottingham, Nottingham NG7 2RD, Reino Unido.

4. M. Mashayekhi, H. Hedayati, 2011, Efeito da sequência de soldadura e do processo de hidroteste em tensões residuais de soldadura em tubos de aço inoxidável SUS304 (em persa). Journal of Applied and Computational Sciences in Mechanics ISSN 2008-918x, Universidade de Tecnologia de Isfahan, Irão.

5. Dr. A. Yaghi, Prof. A. Becker, 2004, Weld Simulation Using Finite Element Methods. Universidade de Nottingham, Reino Unido.

6. M. H. Sadd, 2009, Elasticity theory, applications and numerics 2nd edition Elsevier Inc.

7. W. Payten, 2006, Large scale multi-zone creep finite element modeling of a main stream line branch intersection. International Journal of Pressure Vessels and Piping 83 (2006) 359-364, ANSTO Materials and Engineering Science, New Illawarra Road, Lucas Heights, Menai, NSW

2234, Austrália.

8. F. Rahimi, I. Rajabi, K. Bakhshandeh, 8.ª conferência nacional de soldadura do Irão, 2007, simulação FEA do processo de soldadura (em persa). Instituto Iraniano de Soldadura e Ensaios Não Destrutivos (IWNT.com), Universidade MalekAshtar, Irão.

9. S. Feli, M.E. Alami Al Agha, M. Forootan, 8ª conferência nacional de soldadura do Irão, 2007, simulação 3D e cálculo de tensões residuais devidas à soldadura de tubos de passagem múltipla por Abaqus (em persa). Instituto Iraniano de Soldadura e Ensaios Não Destrutivos (IWNT.com), Universidade Razi, Kermanshah, Irão.

10. J. Elofsson, P. Martinsson, Projeto de Licenciatura de 2004, Simulação de Soldadura com Análise de Elementos Finitos. Universidade de Trollhattan/Uddevalla, Departamento de Tecnologia, Matemática e Ciências da Computação, SUÉCIA.

11. Y. A. Cengel, 2011, Heat Transfer-A Practical Approach 4th edition, Mcgraw-hill press.

12. Abaqus unified intro book (2004) e (2005) e Abaqus 6.12 analysis user manual vol.3 (Materials) section 23.2.4.

13. R. Mustata, Dr. Hayhurst, 2004, Creep constitutive equations for a 0.5Cr 0.5 Mo 0.25V ferritic steel in the temperature range 565 8 C-675 8 C. Elsevier International Journal of Pressure Vessels and Piping 82 (2005) 363-372, School of Mechanical, Aerospace and Civil Engineering, The University of Manchester, P.O. Box No. 88, Sackville Street, Manchester M60 1QD, UK.

14. T. Iwamoto, E. Murakami, T. Sawa, TECHNISCHE MECHANIK 2010, uma simulação de elementos finitos sobre o comportamento de fluência

em juntas soldadas de aço cromemolibdénio, incluindo a interação entre a evolução de vazios e a dinâmica de deslocação. Escola de Pós-Graduação em Engenharia, Universidade de Hiroshima, Japão.

Printed by Books on Demand GmbH, Norderstedt / Germany